巨猫団

巨猫団団員規定

意図及び作為なく6kg以上に成長した猫。

東京新聞
無料

巨猫団猫主心得

巨猫を愛《め》で、愛す。

巨猫と愉《たの》しみ、
巨猫に微笑《ほほえ》み、
こっそり爆笑する。

巨猫を大いに褒め、称《たた》える。

巨猫にポージングを無理強《じ》いして
関係を悪化させないよう
細心の注意を払う。

snow peak

きょ
ねこ

巨猫団　目次

『猫は寝子』

猫はよく寝る。

巨猫もよく寝る。

巨猫が巨寝子となり

リラックスを発動すると・・・。

登りたい。

登頂困難。

夢で逢えたら。エアふみふみ。

光合成。

巨猫は横長顔。

添い寝に誘う。

ピンク、ぷひょぷひょ。

中の人、

絶対、

いる。

太陽、ホカホカ。

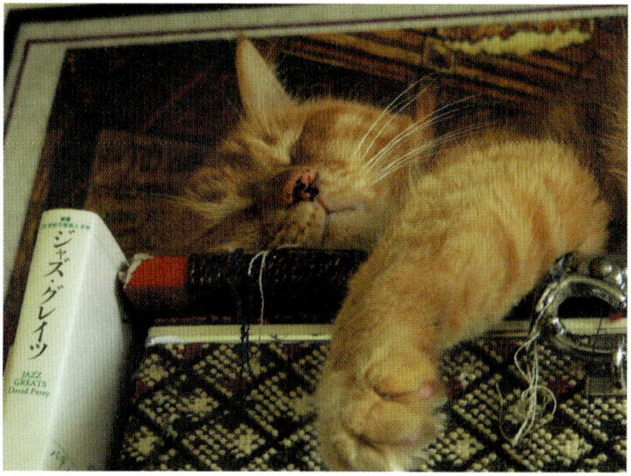

熟睡おちょぼ口。

・・・。ナカのヒト・・・。

マイニチのアチコチに

巨猫がポトリ
しているハッピー。

amazon.co.jp
梱包状態は
いかがでしたか?

『箱巨猫』

山があれば人は登り、

箱があれば猫は入る。

巨猫は　小さな箱を好む　ような。

歪《ゆが》んでも　破れても　壊れても。

みっちり、むっちり。

あがあがあ。

適温、うっとり。

落ちつくぅ～。

ダンディーケトル。イエス、ダンディ。

あれー？
どこー？

気になる、
けど行かない。

ニャコム稼働中。

巨シュークリーム。

巨猫と箱の、

シアワセなカンケイ。

『巨猫団とは』

始まりは 2004年。

当時は無料のブログサービスが

次々とリリースされ、

ブログで日常を公開して

電脳世界で気軽に交流しあうことが

盛んになり始めた時期でした。

当時は自分のウチの猫を見せるため、

というような感じではなく、

ふっとした日常の風景のなかに

「あれ？！オタクにも猫いるんだ！」

というような、

共通項をみつけたような感じで、

ブログで知り合った同士は

猫のことだけではなく

そのブログ主の日々や

興味を持っていることなどもよく知り合った

サークル仲間のようでもありました。

初代巨猫団団長：チャパ／♂／9.1kg
巨猫団統計によると、茶トラの巨猫率は非常に高い。その代表たる盤石の横綱巨猫。箱をこよなく愛す。

現巨猫団団長：シイ／♂／6.8kg
あらゆる所でバンジャイ（ばんざい）を発動する。所かまわず発動するため膝の上から転落すること頻回。

団員NO.009／小梅／♀／7.7 kg
巨猫団随一の風格と風貌の、通称『巨梅姐さん』。姐さんのオーラはニンゲンの悩みを吹き飛ばす。

団員NO.007／拓／♂／7.0 kg
NYCにお住まいの、愛称『拓王子』。その堂々たる体軀と時折見せるお茶目な表情が黄色い悲鳴を生む。

そんななかで

「ってか、デカっ!」

というような猫さんと巡りあうことが時々あって、

「ちょっとオタクも結構アレじゃなくて?オホホ。」

「あらまあそういうオタクも結構アレね?ウフフ。」

と、大きな猫たちを愛であう交流が生まれ、

「あそこのオタクにも大きい猫ちゃんいるらしいわよ。」

「へえ・・・あら!ホント!あの子も大きいわね!」

と、ブログを通した「猫友」の繫《つな》がりが

どんどん広がっていきました。

ある時、

ブログを巡るのも楽しいけど、

みんなのところの

巨猫さん写真ばっかりを

いつでも見られる場所があるといいなぁ、

と、ふと思いたち、

サイトとかつくったら

みんな写真投稿してくれる？

と、何人かの猫友に声をかけ、

いいね！

と、ご賛同いただいたのが

『巨猫団』の始まりでした。

団員NO.008／Prosper des Boux／♂／6.9 kg
南仏蘭西の美しいおウチにお住まいの「ぷろすぺぇる・で・ぶぅ」氏。鋭い眼光とキュートな仕草にギャップ萌え。

団員NO.830／ぷ～さん／♂／6.5 kg
コアラテイストな「鼻カバー」が、そのおっとり優しい様子を何千倍にも引き立てる。

団員NO.111／ちゃめ／♀／10.0 kg
美しく鮮やかな迫力バディとその愛らしい表情が、見る者を二度見と微笑みの世界にいざなう。

団員NO.323／チャトラン／♂／7.5 kg
あらゆるキャプションを蛇足にしてしまう一見必殺な癒し系。

お写真をご投稿いただき始めてみると
巨猫の大らかさ満点のお写真、
二枚目なのにうっかり三枚目になってしまう
巨猫であるがゆえのププププッ！なお写真、
家族やキョウダイ猫たちと一緒の
仲睦まじかったり微妙な距離感だったりするお写真、
なぜその瞬間を！どのように一体？！
というような驚きのお写真など
どれをとってもその巨猫さんの
個性が際立つお写真ばかり。

けれどそれはつまり、
ご投稿者である猫主さんの、
その巨猫さんとの親密さだったり、
巨猫さんを微笑ましく観察する注意深さだったり、
巨猫さんとの日々の愉しさを
クローズアップする才能だったりするわけです。

巨猫団の入団規定は

「意図及び作為なく6kg以上に成長した猫」

とさせていただいていますが、

これは猫主さんの自己申告と、

お写真を拝見して

「わー！これは巨猫だわー！」

という猫さんを、

巨猫団サイト管理人えゐちの独断と偏見で

ゆるーく承認させていただいています。

巨猫団でのイベントの際などには

巨猫、中猫、小猫の枠を取り払って

共通のお題などでお写真を募集して

ご投稿いただいたりもして

広く猫友さんたちとの交流を楽しんできました。

この本のなかにも一部そうしてご参加いただいた、

巨猫さんではないけれど

「巨猫団ファミリー」な猫さんにも

ちょっぴり登場していただいています。

団員NO.011／ミイ／♀／6.0 kg
夜な夜な階段でツッと顔を上げて宇宙と交信している電波系可愛巨猫さん。

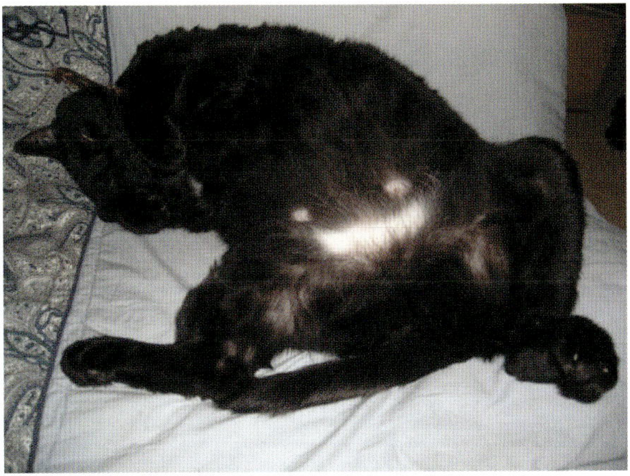

団員NO.418／イネス／♂／6.6 kg
腹にイチモツ、ならぬ、腹に笑顔、を持つオトコ。

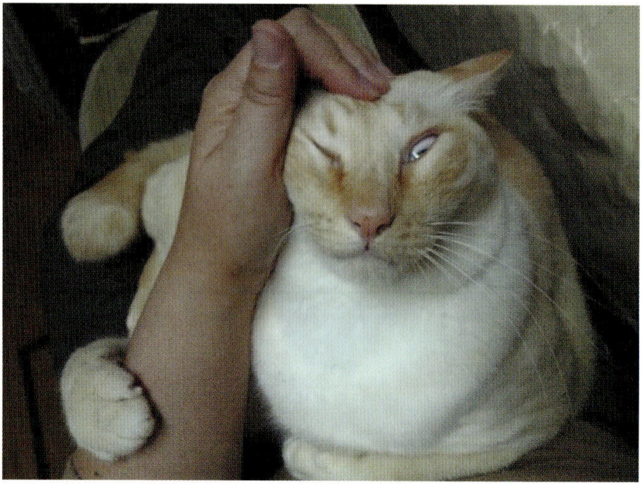

団員NO.5-013／はる／♂／8.0 kg
立てばお子さん、伏せればライオン、転がる姿にナカノヒト、な常猫離れした巨猫さん。

団員NO.801／茶タロー／♂／6.2 kg
大らかで優しい、籐椅子と絡ませたら右に出る猫のいない貴公巨猫。

後に0期とした

巨猫団の2004年11月22日のスタートメンバーは

11巨猫。

団員募集は2006年5月までに14期続けられ

91巨猫となり、

2009年の5周年の特別募集で

ご参加いただいたのが31巨猫。

2014年現在、総勢122巨猫、

「いーにゃーにゃー」

な巨猫団となっております。

巨猫団は永久団員制となっており、

天猫となって

虹の橋の向こうの世界に活躍の場を移した巨猫さんも

現役の巨猫団員さんでございます。

巨猫団へは

ご投稿者ご自身と生活を共にしている

巨猫さんのお写真をお送りいただくよう

お願いしていることもあって、

巨猫さんと猫主さんの生活のなかでの

距離感や関係性を感じさせる

お写真ばかりです。

巨猫団は

猫主さんのその巨猫さんへの愛情が

表れているそのお写真のフレッシュさを

可能な限り巨猫団の世界観として

ご覧いただけるように工夫して、

そのことを

写真のテクニックや

画像のアレコレよりも

大切にしています。

団員NO.730／ウメ／♂／8.9 kg
大きなフワフワボールのような姿から穏やかな優しさが溢れ出す巨猫さん。

団員NO.888／ちょうすけ／♂／7.5 kg
前腕を閉じない巨猫スタイルがピカイチの目ヂカラ抜群の巨猫さん。

『巨猫の「巨」を知る。』

どうしたら写真で巨猫が伝わるか・・・。

何かと比較したらきっと、わかりやすいに違いない。

よく知られた、小さすぎず大きすぎないもの・・・。

そう、それは一升瓶。

丸まってこれ。

伸びたらこんな。

飲ん兵衛組に、

和食組。

これは確かに、一升瓶。

『巨猫手』

巨猫手は、何でもできるが
何にもできぬ。ゆきお
ぎゅ ぎゅ
巨猫手がむすんだ
ライスボール、いいかがすか〜?

多くの猫主たちは、足ではなく「手」と呼ぶ。

巨猫を巨猫たらしめている証の一つが、

このモフモフとした大きな「手」。

安心。

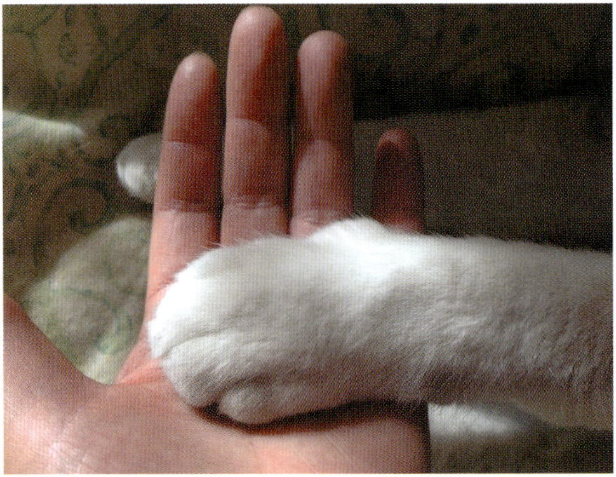

しわあわせ　な　しあわせ。

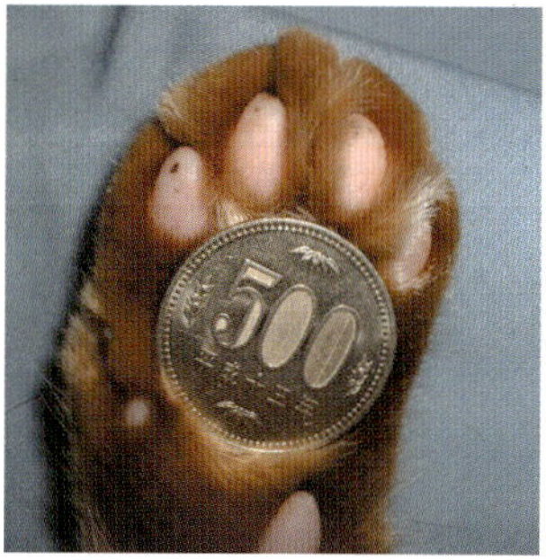

プライスレス。

手加減、口加減。

やっぱりこれは、

足じゃなく「手」。

巨猫があんどんの油も
ぺろり
ぺろり
巨猫ベロは
やはり
でかいのだ。

『舌巨猫』

猫の舌の感度は素晴らしい。

「猫舌」は「繊細」と同義。

食べたり飲んだり、舐《な》めたり忘れたり・・・。

猫草ちょうウマい。

にくきう
ちょうウマい。

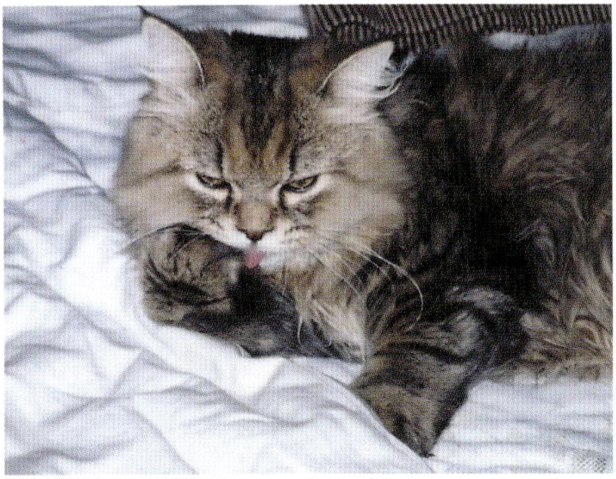

鼻ちょうウマい。

ぜんぶちょうウマい。

なんかモンクあるんか。

忘れるほど集中。

忘れて爆睡。

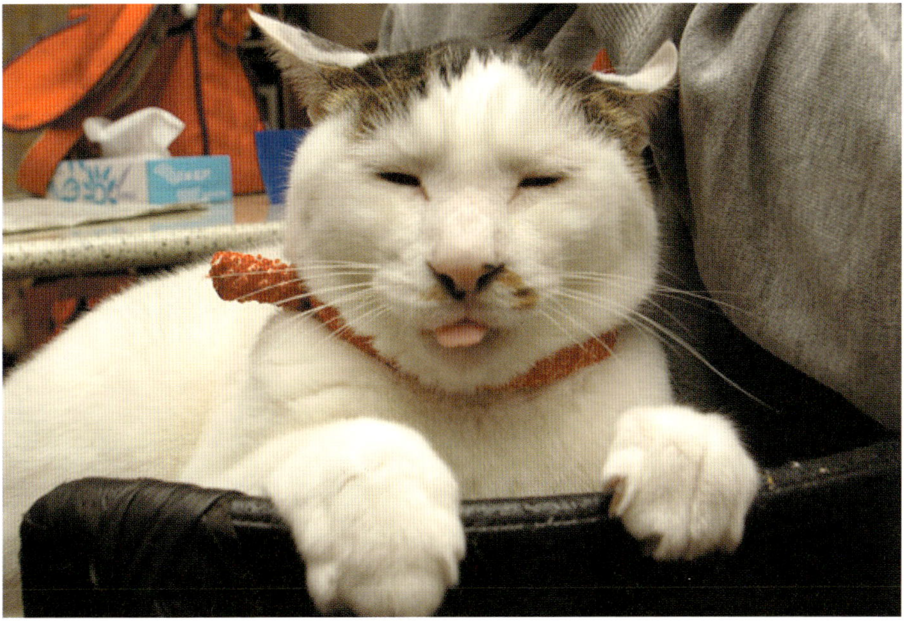

忘レ神。

ピカ――
ピカ――ッ
カツブシクレ光線
メシクレ光線
ヒトヲモアヤツル…

『交信巨猫』

私たちに見せている姿は、ニンゲンを油断させ

情報収集を容易にするための仮の姿。

こうして時々暗がりで、

地球の・・・情報・・・を宇・・・宙・・・・・・

・・・ピーピピーー・・・ププッププッ・・・

・・・ッガッ・・・

・・・

・・・ツーツーツーツー・・・。

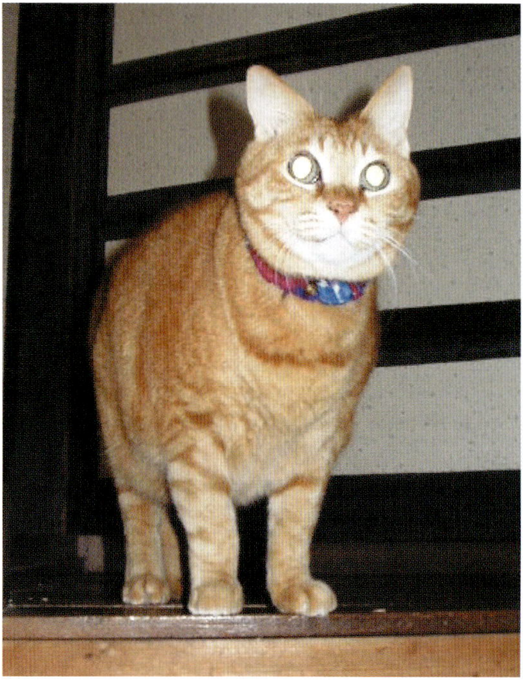

・・・ツーツー・・・

・・・地球に転送完了・・・

・・・

「地球猫／Body-type：巨猫／ver.茶トラ」

・・・

・・・起動します・・・

・・・ピピピ・・・これは・・・
コウチュウ目コガネムシ科ハナムグリ亜科
カナブン属カナブン
・・・ピピピ・・・Rec.完了・・・

・・・ププーププー・・・

・・・排泄完了・・・

・・・

・・・ジジッジジジジッ・・・

・・・

・・・ボディコンディション
良好・・・

・・・ビーッ！ビーッ！

ビィィィイーッ！

未確認地球人接近中！

・・・

新規情報

「宅配便」

・・・

・・・確認中確認中・・・

・・・ジジー・・・ジジー・・・

・・・

更新情報

「同居人」

・・・

・・・チェックチェック・・・

・・・躯体電源オフ・・・。

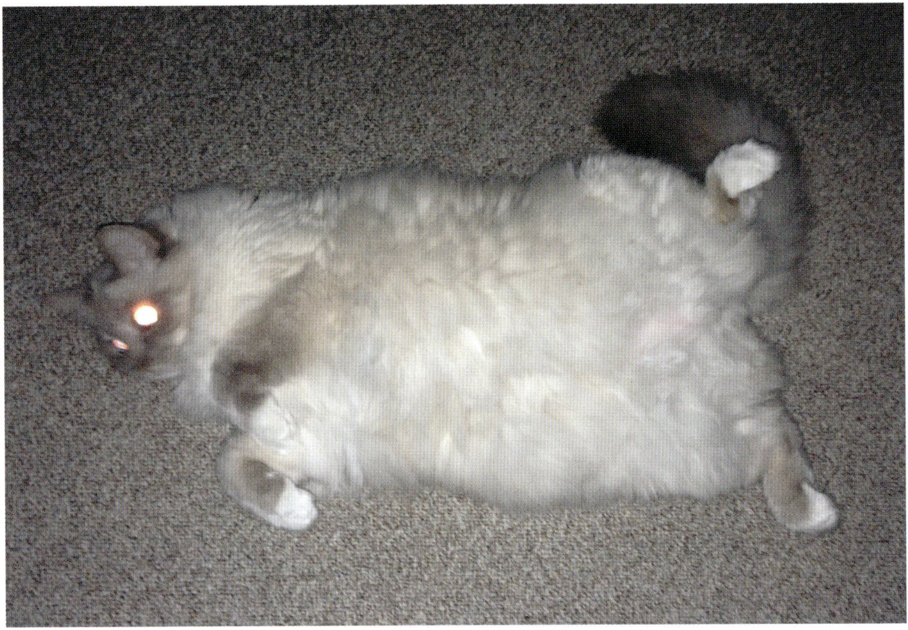

アプリ「地球猫／Body-type：巨猫」
（自然に痩せていくバグの修正）
・・・
・・・update開始します・・・。

『巨猫素質、なるもの』

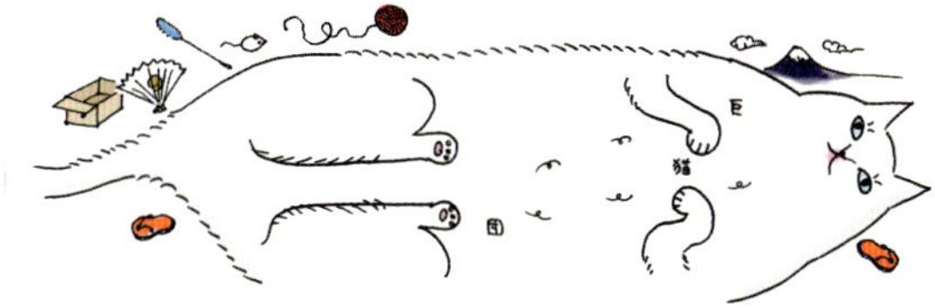

巨猫団的考察。

猫主さんは、
おウチの猫さんを巨猫にしようと
育てていたわけではないことでしょう。

人間同様、太っていることは
健康を損なうリスクはあるでしょうし、
巨猫団でも巨猫を愛で愛することを
最大の喜びとしていますが、
意図的作為的に巨猫に育てようとすることなく、
どうか猫さんの健康を第一に、
とお願いしています。

けれど言うまでもなく、
巨猫団を通してお近づきになった
猫主さんたちはむしろ、
その巨猫さんの健康に人一倍
気を使っていらっしゃるように感じます。

なのに
そんな風に気にかけていても
巨猫に成長してしまう猫がいる・・・いったいナゼ・・・。
避妊・去勢による
ホルモンバランスの影響があるかもね、とか、
体質もあるだろうね、とか、
ああでもやっぱり食べてるか！とか。

ところが
巨猫写真を沢山拝見しているなかで
その巨猫さんたちの
小さかった頃のお写真を見せていただく機会があり
ふっと気がついたことがありました。

それは

『巨猫になる素質を
備えた猫がいる・・・かも!?』

ということでした。

よくよく見てみるに
どうも
生後3ヶ月～5ヶ月頃に
顕著になるように
思うのです。

巨猫可能性のある
仔猫の特徴

●顔の大きさに比べて耳が大きい

●体と比較して手足が太く長い

●手足の肉球（手先）部分が大きい

巨猫団前団長　チャパ

生後4ヶ月

↓

6歳/9.1kg

は る

生後8ヶ月
↓
7歳/8kg

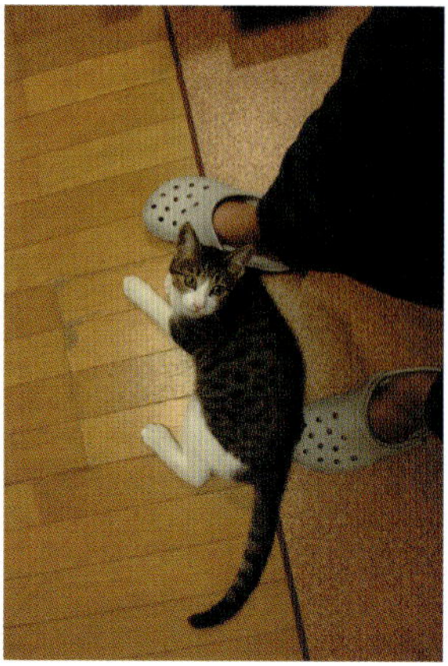

犀造《さいぞう》

生後4ヶ月
↓
5歳/6.5kg

レオナルド嗣千代《つぐちよ》

生後3ヶ月

↓

11ヶ月/5.5kg

(!)

巨猫団のほとんどの巨猫さんは
元保護猫。

巨猫との生活を夢見ていらっしゃる方は、
以上のような巨猫団データと写真を参考に、
様々な里親募集の会などに足を運んで
未来の巨猫さんを
スカウトされてみてはいかがでしょうか。

そして明るく元気にフクフクと、
お育ちあそばした暁にはぜひ、
巨猫団へ。

『巨猫好み』

理由なき巨猫の好み。

こだわりの場所、

こだわりの小物、

こだわりのスタイル、

こだわりの・・・

平たい尻猫。

匂ゥ最高ゥ。

窒息好み。

自分収納。

巨猫的
電脳機器使用法。

【Ammonyaite/kyonekodea/favorite-stylida】

菊猫石／巨猫亜綱／嗜好形状目

【完全球型アンモニャイト】

・出現時期：立秋〜立夏頃

・出現場所：寒すぎず暑すぎない柔らかな窪地

・基本形状：手及び鼻先を足の間に格納し
　　　　　　尾で蓋をした円形

・展開形状：抱込／万歳／勾玉／頭部起立　他

【頭部起立全円型アンモニャイト】

【伸足抱込型アンモニャイト】

【頭部起立勾玉型アンモニャイト】

【裏万歳型アンモニャイト】

【手足交錯勾玉型
アンモニャイト】

【頭部起立全円相似型
アンモニャイト】

『巨猫家族』

巨猫の暮らし、

巨猫の家族。

巨猫と暮らし、

巨猫と家族。

なにあれぅあぅあマヂでー。

毛《け》繕《づくろ》い。遠いおしり。

なんでココーも～。

バターの夢。

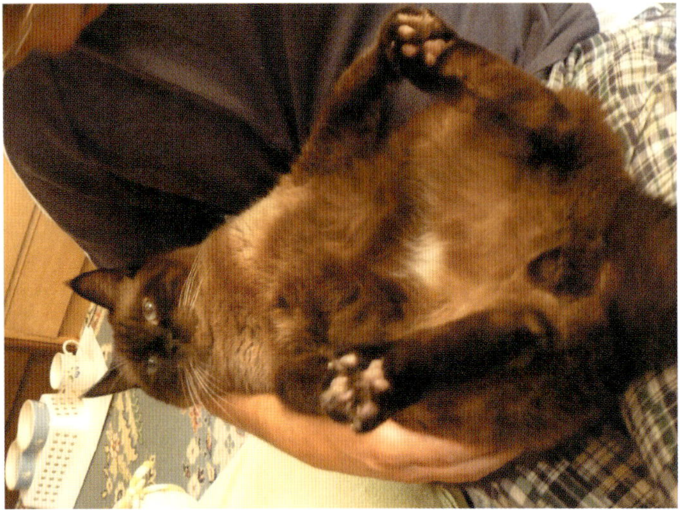

最高椅子。

スペシャルハンモック。

おばぁちゃん、ちょうすきー。

ママァヌ、
ちょうラヴ〜。

なんということのない、

ニヤニヤな風景。

いたってシンケンな、
巨猫の日々。

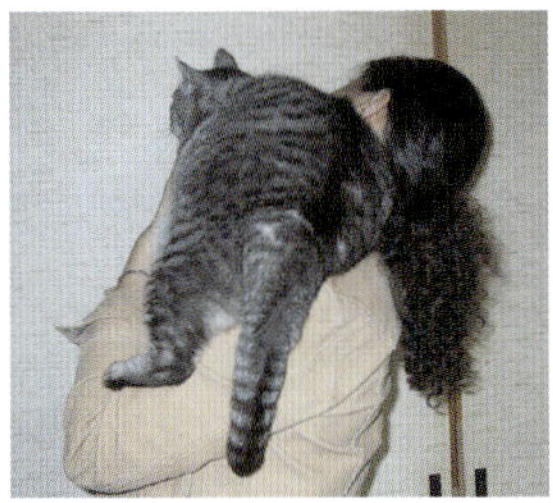

巨猫との日々、
いつまでも。

掲載ページ　猫名／性別／体重／猫主名

10上, 17右上, 62　シオン／♂／6.8 kg／美郎

10下, 85下, 86右上

鯉九郎／♂／12.0 kg／あでぃ

11, 50上, 66上の右, 97下, 101右上

マコト／♂／6.5 kg／クマとママァヌ

12上, 47下, 51下, 84下, 90上, 101左上

ろく／♂／10.0 kg／yasuko hirakawa

12下, 50下, 89上

ふくちゃん／♂／7.0 kg／上原加津美

13上, 24左中　ロイ／♂／7.1 kg／reine

13下, 17左上, 30下, 47上, 52上, 65上, 87下

拓／♂／7.0 kg／雅子

14上, 22下, 38上, 46上, 77, 80, 89下

はる／♂／8.0 kg／和

14下　セナ／♂／7.3 kg／鯖猫

15下, 53, 72の右, 98上の右, 100左下の手前,

イラスト白猫　雪男／♂／10.0 kg／くまくら珠美

72の左, 98上の左

チビ／♂／3.5 kg／くまくら珠美

100左下の奥, イラスト白黒猫

太朗／♂／8.0 kg／くまくら珠美

16左上　しんちゃん／♂／9.6 kg／石丸徳馬

16左下　トラマル／♂／11.3 kg／NYニャンキース

16右上, 94上の右

カルマ／♂／9.2 kg／あさこ

94上の左　ミケ／♀／4.2 kg／あさこ

16右下　凛／♂／6.8 kg／ちょる

17左下　しゅうた／♂／7.0 kg／和

17右下　クマッチ／♂／7.0 kg／mog

20上, 45　ささっ君／♂／10.0 kg／斑

20下　シエル／♂／9.7 kg／shimba

21上　雷ぞー／♂／6.8 kg／barai

22上, 24右上, 33上

Prosper des Boux／♂／6.9 kg／Ma Cocotte

23上　こびん／♀／4.5 kg／おやびん

24左上, 91上

サヴォン／♂／7.4 kg／おうちごはんcafe たまゆらん

24左下　エンジュ／♂／4.5 kg／tacopoo

24右下　ゴンタ／♂／6.0 kg／mikeyan

25左上, 34上　ちゃめ／♀／10.0 kg／jiji

25右上, 65下, 97上, 101左下

ドンピエール・ガブリエル・ゴンザレス／♂／6.5 kg

／すいかシャクシャク

25左下　ぱうる／♂／くみ

30上　小梅／♀／7.7 kg／hiroko

33下, 56上, 64上　ぷ〜さん／♂／6.5 kg／KAZ

34下　チャトラン／♂／7. 5kg／nekolog

37上, 66上の左, 100右中

ミイ／♀／6.0 kg／クマとママァヌ

37下　イネス／♂／6.6 kg／Ma Cocotte

38下, 51上, 57上, 63, 98下の左

茶タロー／♂／6.2 kg／catseyepower

98下の右　アビ／♂／6.0 kg／catseyepower

41上　ウメ／♂／8.9 kg／まこ

41下　ちょうすけ／♂／7.5 kg／うらり

44, 100上　おこわ／♀／6.1 kg／かなこ&さなえ

100上の背　かつお／ジャンガリアンハムスター♂／かなこ&さなえ

46下　あきちゃん／♀／7.8 kg／I.I

52下, 66下, 95上の左

Shiro-Dickerchen／♂／6.5 kg／クレス聖美

95上の右

Taro-Rinchen／♂／5.5 kg／クレス聖美

56中　ラビ／♂／8.5 kg／ラビママ

57下, 70, 86下, 99下の左

めんまさん／♂／9.0 kg／sato

99下の右　うずらさん／♀／4.2 kg／sato

58上　gin／♂／gin-mam

58下　いなり／♂／3.8 kg／rider

59　ヨウカン／♂／6.0 kg／kachimo

64下　you／♂／9.0 kg／kumi

71, 81　ゆうた／♂／7.2 kg／nico

73　パーマン／♂／10.0 kg／もこ

74上　はっち／♂／6.5 kg／てるすけ

74下　ケムリ／♂／9.0 kg／日陰亭

74中　くろまめ／♂／10.0 kg／hana

78　犀造／♂／6.5 kg／あでぃ

79　レオナルド嗣千代／♂／5.5 kg／くまくら珠美

84上　レア／♀／5.3 kg／Ma Cocotte

87上　チビ太／♂／10.0 kg／mikeyan

94下の手前

Billy Bob／♂／9.0 kg／Nancy Freitag

94下の奥　Louise／♀／4.0 kg／Nancy Freitag

96上　ごん／♂／8.9 kg／Kanalita

96下　りるー／♂／6.6 kg／こるー

100右下の左　なっちゃん／♀／6.5 kg／I.I

100右下の右　レオン／コーギー♂／12.0 kg／I.I

15上, 21下, 23下, 25右下, 29上, 76, 90下

チャパ／♂／9.1kg／えゐち

56下, 67, 85上の奥, 91下の左, 92中央, 99上の左, 101右下の右, 110上の左上, 110下の上右, 115上の上, 119右下の左

イチ／♂／6.1kg／えゐち

60, 68左, 92一番左, 85上の手前, 110上の左下, 110下の左上, 111下の左

ニコ／♂／5.4kg／えゐち

91下の右, 92右から2番目, 95下の上, 106下の右, 110上の右下, 110下の中, 111上の下

サン／♂／6.8kg／えゐち

3, 5, 8, 18, 26, 29下, 42, 48, 54, 68右, 82, 86左上, 88, 92左から2番目, 95下の下, 99上の右, 101右下の左, 104, 106～109, 110上の右上, 110下の下, 111上の上, 111下の右, 112～119

シイ／♂／6.8kg／えゐち

92一番右　クー／♀／3.0kg／えゐち

Special thanks go to all the wonderful cats and their families!

【付録】

団長シイの日々。

シイ団長は

無類の箱好き。

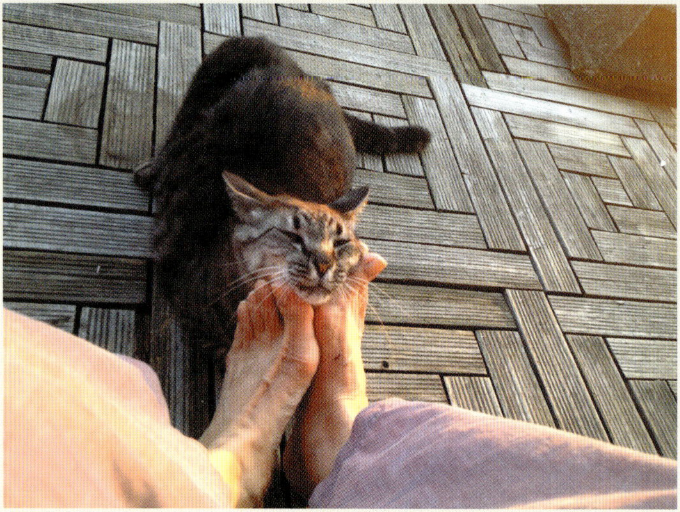

シイ団長は

無類の足好き。

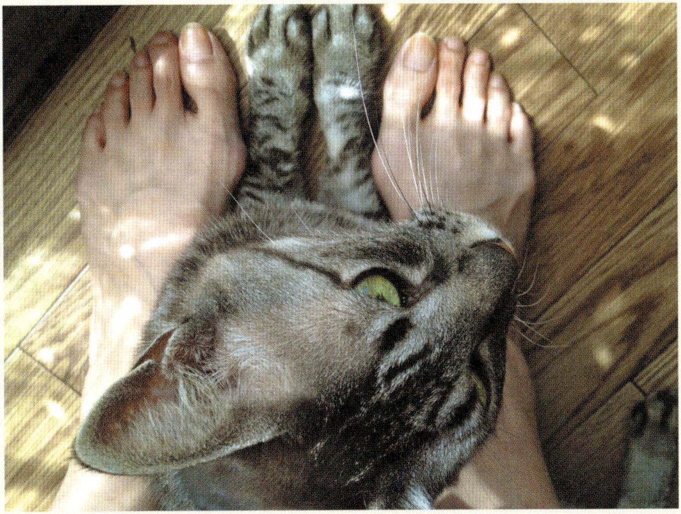

シイ団長は

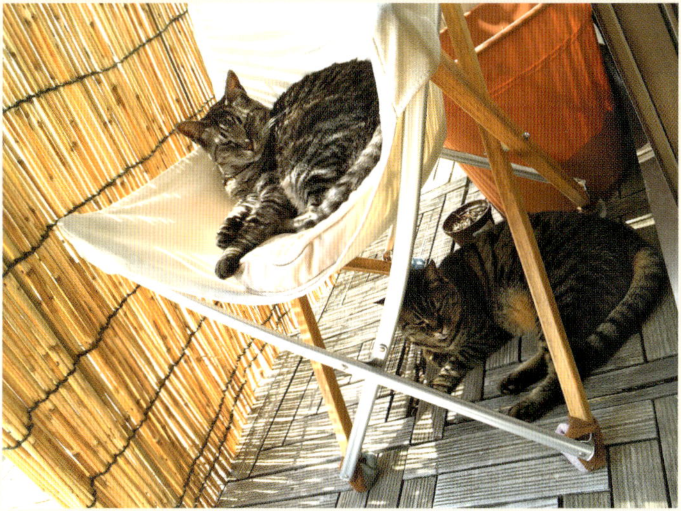

四兄弟の末っ子。

シイ団長は

結構チャレンジャー。

シイ団長は

ベランダちょう好き。

シイ団長は

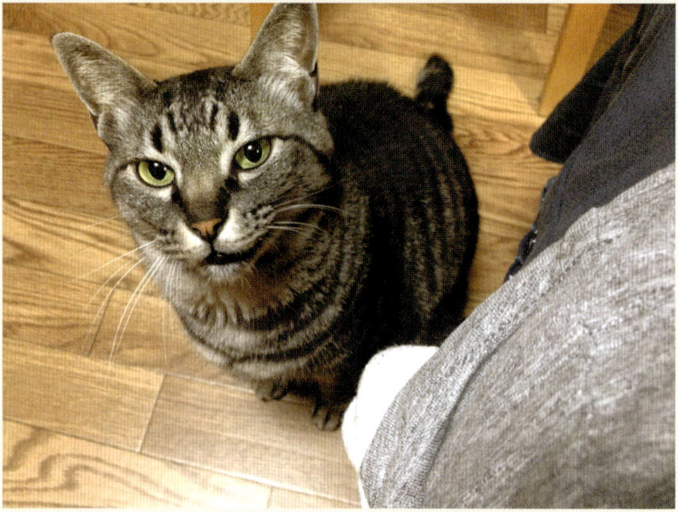

「カワイイ」を知ってる。

愉しくやろう。

できるだけずっと。

えゐち（小田 光）
長野県松本市出身。
2004年よりWebサイト「巨猫団」を主催。
現在イチ、ニコ、サン、シイの四兄弟猫と暮らしながら、
アクセサリー作家「玉屋えゐち」として活動中。

巨猫団　http://kyonekodan.daa.jp/
巨猫団Facebookページ　https://www.facebook.com/kyonekodan
巨猫団Facebookグループ（巨猫写真投稿絶賛受付中）
https://www.facebook.com/groups/356042301202508/
玉屋えゐち　http://ewichi.ocnk.net/

巨猫団Facebook
ページ

巨猫団Facebook
グループ

玉屋えゐち

装丁／デザイン　野村道子（bee's knees-design）
イラスト　くまくら珠美
編集　矢島 緑（幻冬舎）

巨猫団
2014年8月25日　第1刷発行

編著者　えゐち
発行者　見城 徹

発行所　株式会社 幻冬舎
〒151-0051東京都渋谷区千駄ヶ谷4-9-7
電話　03（5411）6211（編集）
03（5411）6222（営業）
振替00120-8-767643
印刷・製本所　近代美術株式会社

検印廃止

ISBN978-4-344-02621-6　C0095
幻冬舎ホームページアドレス　http://www.gentosha.co.jp/

この本に関するご意見・ご感想をメールでお寄せいただく場合は、comment@gentosha.co.jpまで。